有趣的分子科学

居家生活中的分子奥秘

张国庆/著

李　进/绘

中国科学技术大学出版社

内 容 简 介

科技的发展使人们的居家生活越来越舒适、便利、健康,其背后隐藏着很多分子的功能的提升,以及人们对分子的认知的增加。本书精选了居家生活中一些常见的分子,深入浅出地介绍了它们的益处和潜在风险,告诉人们如何正确认识这些分子。

图书在版编目(CIP)数据

居家生活中的分子奥秘/张国庆著;李进绘. —合肥:中国科学技术大学出版社,2019.5(2021.9重印)

(前沿科技启蒙绘本·有趣的分子科学)

"十三五"国家重点图书出版规划项目

ISBN 978-7-312-04692-6

Ⅰ.居… Ⅱ.①张… ②李… Ⅲ.分子—普及读物 Ⅳ.O561-49

中国版本图书馆 CIP 数据核字(2019)第 082700 号

出版	中国科学技术大学出版社
	安徽省合肥市金寨路 96 号,230026
	http://press.ustc.edu.cn
	https://zgkxjsdxcbs.tmall.com
印刷	合肥华云印务有限责任公司
发行	中国科学技术大学出版社
经销	全国新华书店
开本	787 mm×1092 mm 1/12
印张	4
字数	35 千
版次	2019 年 5 月第 1 版
印次	2021 年 9 月第 2 次印刷
定价	40.00 元

一项创新性科技，从它产生到得到广泛应用，通常会经历三个阶段：第一个阶段，公众接触一个全新领域的时候，觉得这个东西"不靠谱"；第二个阶段，大家对于它的科学性不怀疑了，但觉得这个技术走向应用却"不成熟"；第三个阶段，这项新技术得到广泛、成熟应用后，人们又可能习以为常，觉得这不是什么"新东西"了。到此才完成了一项创新性技术发展的全过程。比如我觉得量子信息技术正处于第二阶段到第三阶段的转换过程当中。正因为这样，科技工作者需要进行大量的科普工作，推动营造一个鼓励创新的氛围。从我做过的一些科普活动来看，效果还是不错的，大众都表现出了对量子科技的浓厚兴趣。

那什么是科普呢？它是指以深入浅出、通俗易懂的方式，向大众介绍自然科学和社会科学知识的一种活动。其主要功能是通过提高公众的科学素质，使公众通过了解基本的科学知识，具有运用科学态度和方法判断及处理各种事务的能力，从而具备求真唯实的科学世界观。如果说科技创新相当于建设科技强国的"尖兵"和"突击队"，科普的作用就相当于夯实全民的科学基础。目前，我国的科普工作已经有越来越多的人参与，但是还远远不能满足大众对科学知识获取的需求。

我校微尺度物质科学国家研究中心张国庆教授撰写的这套"有趣的分子科学"原创科普绘本，针对日常生活中最常见的场景，深入浅出地为大家讲述这些场景中可能"看不见、摸不着"但却存在于我们客观世界中的分子，目的是让大家能够从一个更微观、更科学、更贴近自然的角度来理解我们可能已经熟知的事情或者物体。这也是我们所有科研人员的愿景：希望民众能够走近科学、理解科学、热爱科学。

今天，我们共同欣赏这套兼具科学性与艺术性的"有趣的分子科学"原创科普绘本。希望读者能从中汲取知识，应用于学习和生活。

潘建伟

中国科学院院士

中国科学技术大学常务副校长

序 二

随着扎克伯格给未满月的女儿读《宝宝的量子物理学》的照片在"脸书"上走红，《宝宝的量子物理学》迅速成为年轻父母的新宠。之后，其作者——美国物理学家 Chris Ferrie，也渐渐走进了人们的视线。国人感慨：什么时候我们的科学家也能为我们的娃娃写一本通俗易懂又广受国人喜爱的科学绘本呢？

今天我非常高兴地向大家推荐由中国科学技术大学年轻的海归教授张国庆撰写的这套"有趣的分子科学"科普图书。张国庆教授的研究领域是荧光软物质的设计与合成、分子材料的电子和电荷转移、单分子荧光成像的合成以及光物理。他是一位年轻有为的青年科学家，在繁忙的教学科研工作之余，运用自己丰富的科学知识和较高的科学素养，用生动、活泼、简洁、易懂的语言，为我国读者呈现了这套科学素养普及图书，在全民科普教育方面进行了有益的尝试，这无不彰显了一位科学工作者的社会责任感。

这套书用简明的文字、有趣的插图，将我们日常生活中遇到的、普遍关心的问题，用分子科学的相关知识进行了科学的阐述。如睡前为什么要喝一杯牛奶，睡前吃糖好不好，为什么要勤洗澡勤刷牙，为什么要多运动，新衣服为什么要洗后才穿，如何避免铅、汞中毒，双酚A、荧光剂又是什么，为什么要少吃氢化植物油、少接触尼古丁、少喝勾兑饮料、少吃烧烤食品，以及什么是自由基、什么是苯并芘分子、什么是苯甲酸钠等问题，用分子科学的知识和通俗易懂的语言加以说明，使得父母和孩子在轻松愉快的亲子阅读中，掌握基本的分子科学知识，也使得父母可以将其中的科学道理运用到生活中去，为孩子健康快乐的成长保驾护航。

希望这套"有趣的分子科学"丛书能够唤起孩子们的好奇心，引导他们走进奇妙的化学分子世界，让孩子们从小接触科学、热爱科学，成为他们探索未知科学世界的启蒙丛书。本书适合学生独立阅读，但更适合作为家长的读物，然后和孩子们一起分享！

杨金龙

教授、博士生导师

中国科学技术大学副校长

前　言

　　我们的世界是由分子组成的，从构成我们身体的水分子、脂肪、蛋白质，到赋予植物绿色的叶绿素，到让花儿充满诱人香气的吲哚，到保护龙虾、螃蟹的甲壳素，到我们呼吸的氧气分子，以及为我们生活带来革命性便捷的塑料。对于非专业人士来说，这个听起来这么熟悉的名词——"分子"到底是个什么东西呢？我们怎么知道分子有什么用，或者有什么危害呢？

　　大多数分子很小，尺寸只有不到 0.000000001 米，也就是不足 1 纳米。当分子的量很少时，我们也许无法直接通过感官系统来感觉到它们的存在，但是它们所起到的功能或者破坏力也可能会很明显。人们发烧时，主要是因为体内存在很少量的炎症分子，此时如果服用退烧药，退烧药分子就可以进入血液和这些炎症分子粘在一起，使炎症分子无法发挥功效，从而使人退烧。很多昆虫虽然不会说话，但它们可以通过释放含量极低的"信息素"分子互相进行沟通。而有时候含量很低的分子，例如烧烤食物中含有的苯并芘分子，食用少量就可能会导致癌细胞的产生。所以分子不需要很多量的时候也能发挥宏观功效。总而言之，分子虽小，功能可不小，它们关系到人们的生老病死，并且构成了我们吃、穿、住、用、行的基础。

　　不同于其他科普书，这套"有趣的分子科学"丛书采用了文字和艺术绘画相结合的手法，巧妙地把科学和艺术融会贯通，在学到分子知识的同时，也能欣赏到艺术价值很高的手绘作品，使得这套丛书有更高的收藏价值。绘画作品均由青年画家李进完成。大家看完书后，不要将其束之高阁，不妨从中选取几张喜欢的绘画作品装裱起来，这不但是艺术品，更是蕴含着温故知新的科学！

　　本套书在编写过程中得到了很多人的帮助，特别是陈晓锋、王晓、黄林坤、胡衍、王涛、赵学成、韩娟、廖凡、裴斌、陈彪、黄文环、侯智耀、陈慧娟、林振达、苏浩等在前期资料收集和后期校对工作中都付出了辛勤的劳动，在此一并表示感谢。

　　想学习更多科普知识，扫描封底二维码，关注"科学猫科普"微信公众号，或加入"有趣的分子科学"QQ 群（号码 :654158749）参与讨论。

目　录

序一 / i

序二 / ii

前言 / iii

为什么牛奶有催眠作用？ / 2

开关很安全吗？ / 4

是什么让人感觉到快乐？ / 6

药物为什么可以缓解疼痛？ / 8

含氟牙膏真的会危害健康吗？ / 10

人为什么一定要吃水果、蔬菜？ / 12

植物油都很安全吗？ / 14

是什么决定了人的睡眠？ / 16

身体运转的能量从哪来？ / 18

吸烟为什么有害健康？ / 20

吃烧烤会得癌症吗？ / 22

为什么不粘锅会不粘呢？ / 24

玩玩具也可能会"铅中毒"吗？ / 26

为什么饮料不能多喝？ / 28

退烧药是怎样让身体退烧的？ / 30

食物不腐的原因是什么？ / 32

水银温度计的最大威胁是什么？ / 34

试穿新衣服有哪些隐患？ / 36

荧光增白剂对人体有危害吗？ / 38

为什么塑料会变柔软？ / 40

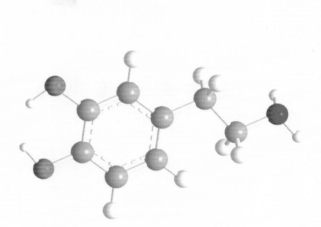

色氨酸

为什么牛奶有催眠作用？

图说 ▶

夜幕徐徐降临，月光下云海轻荡，万籁俱寂。有没有一种神奇的分子，能让你睡得如同婴儿般香甜？

"睡前一杯奶，不喊起不来。"牛奶中富含糖类、蛋白质、矿物质、脂肪、膳食纤维与维生素等营养成分，可以促进睡眠，可到底是哪种成分在安抚我们的大脑，使我们睡得更香呢？

原来牛奶中富含一种叫作"色氨酸"的氨基酸分子，它可用于制造促进睡眠的激素、褪黑素和大脑神经递质（5-羟色胺），从而产生镇静、催眠的功效。除了辅助睡眠以外，色氨酸还是身体重要蛋白的合成原料。

虽然色氨酸是人体必需的一种氨基酸，然而人体却无法直接合成它，必须从日常饮食中获取。不仅牛奶中含有色氨酸，燕麦、干枣、红肉、蛋类、鱼类、葵花籽、香蕉和花生中的色氨酸含量也都特别高。

色氨酸分子结构示意图

除了色氨酸，人体不能直接合成、必须从食物中获取的必需氨基酸还有 7 种（赖氨酸、苯丙氨酸、甲硫氨酸、苏氨酸、异亮氨酸、亮氨酸、缬氨酸）。值得注意的是，如果人体中缺乏其中一种必需氨基酸，那么这种"短板效应"会阻碍人体内其他氨基酸的利用，最终会导致营养不良，所以一定要注意肉、奶、禽、蛋的合理摄入。

小贴士

虽然睡前一杯热牛奶有助于睡眠，但如果睡前喝大量的牛奶，会增加夜里上厕所的概率，反而不利于睡眠，还有可能造成消化不良。所以不要在临睡前喝太多的牛奶，如果非要喝那么多，请提前一两个小时喝。

多溴二苯甲醚

开关很安全吗?

图说▶

每个孩子都渴望驾驶着云船去探索神奇的世界，但在探索世界之前需要家长做好正确的保护。例如身边的电器开关，它能点亮孩子心中的月亮，但同时其中的有害物质也会通过皮肤接触对孩子造成伤害。那么，如何才能正确认识和防范这些有害物质呢？

随着电子时代的到来，人们的生活已经被电脑、电视机、冰箱、空调、插线板等产品包围了。在频繁触碰这些电器的时候，一类听上去很陌生的分子——多溴二苯甲醚也在悄悄走近我们。

多溴二苯甲醚类物质可以抑制或者阻断塑料、板材的燃烧。为了减少火灾隐患，作为阻燃剂它被广泛应用于建筑材料、电子器材、装饰品、纺织品，甚至汽车内装与飞机中。

在给日常生活带来便利的同时，多溴二苯甲醚也在危害着人类的健康。由于大部分阻燃剂均为脂溶性物质，多溴二苯甲醚也不例外，它们很容易通过皮肤接触渗透到体内，比如血液、脂肪组织甚至母乳中，这很有可能引起肝脏和甲状腺疾病，严重时会引发癌症。此外，它们还会干扰内分泌系统，影响雄性激素、黄体激素和雌激素的分泌。

多溴二苯甲醚分子结构示意图

小·贴士

研究表明，室内灰尘中多溴二苯甲醚的含量很高，所以要勤打扫卫生，保持室内的低尘环境。尤其对免疫力低下又容易吸入灰尘的婴幼儿来说，减少室内灰尘尤为重要。另外家长们要注意，不要让宝宝随意触碰电子产品的外壳、建筑材料，尤其是防火涂料。

多巴胺

是什么让人感觉到快乐？

上午9点学数学，下午3点学英语，好不容易放个假，还要学跳舞和钢琴，图中这位胖胖的小朋友一点休息时间都没有。然而，科学研究表明，适当运动能使身体产生一种让记忆力更佳的"神奇分子"。

为什么爱运动的孩子学习成绩会相对更好呢？这与运动后人的大脑产生的一种叫作"多巴胺"的分子有关，因为多巴胺可以帮助记忆，让学习事半功倍。

多巴胺分子结构示意图

多巴胺最早于1910年由英国科学家尤恩在实验室合成。1957年，蒙塔古首先在人的大脑中发现了多巴胺。1958年，卡尔森最早认识到多巴胺有作为神经递质（在大脑中神经细胞之间互相沟通的信使化学分子）的功能，他也因此被授予2000年诺贝尔生理学及医学奖。

作为神经递质，多巴胺在大脑中由神经细胞释放，可以将兴奋和愉悦的信号传递到其他神经细胞。人的很多情绪，如家庭的幸福感、赌博的刺激感、得到奖赏而产生的愉悦感，都和神经细胞释放的多巴胺有关。很多网络游戏在设计的时候，不断给玩家提供经验值和装备奖励，得到经验值或好装备时，玩家大脑中就会释放出多巴胺，从而产生愉悦感；而失败的时候，玩家大脑中没有多巴胺释放，就会感到沮丧和焦虑，这就是"上瘾"的基本原理。不过人们完全可以通过设立良性的自我奖赏（如帮助他人时也会分泌多巴胺）来克服不好的习惯。

小贴士

人在运动时血液中的钙含量会增加，从而刺激多巴胺的分泌，运动过后半小时学习效果最佳。而多巴胺分泌不足可能会导致抑郁症。

对乙酰胺基酚

药物为什么可以缓解疼痛？

止疼解热药多种多样，其中有一类是苯胺类解热镇痛药。乙酰苯胺是第一个被偶然发现的具有镇痛和解热作用的苯胺衍生物，于1886年以退热冰为名被引入医药行业。由于乙酰苯胺易引发高铁血红蛋白血症，在寻求毒性更小的苯胺衍生物的过程中，科学家们发现了对乙酰氨基酚。

早在1877年美国化学家哈蒙·诺斯罗普·莫尔斯就已经在实验室中成功合成了对乙酰氨基酚。1947年，美国生物化学家大卫·莱斯特和里昂·格林伯格发现退热冰的作用归功于其代谢产物对乙酰氨基酚，并提倡使用对乙酰氨基酚来替代退热冰以减少其毒副作用。1955年，强生公司在美国境内销售对乙酰氨基酚药片——泰诺（Tylenol），

对乙酰氨基酚分子结构示意图

从此对乙酰氨基酚作为解热镇痛药开始广泛使用。

直到现在对乙酰氨基酚的作用机理还不是很明确，从研究结果来看，对乙酰氨基酚能够选择性抑制大脑中环氧化酶的活性，这有助于治疗发烧和疼痛。对乙酰氨基酚还可以通过代谢产物来调节大脑中内源性大麻素系统，抑制神经元对内源性大麻素/香草醛酰胺的再摄取，从而减少疼痛感。

小·贴士

对乙酰氨基酚的解热作用是乙酰苯胺类药物中最好的，特别适用于不能使用羧酸类药物的病人。正常剂量服用不会引起损害，但剂量过大可能会损害肝脏，因此肝、肾功能不全者慎用。

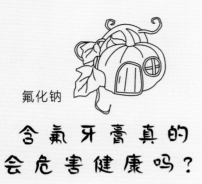

氟化钠

含氟牙膏真的
会危害健康吗？

牙齿将军虽然有坚硬的盔甲，但面对食物产生的各种腐蚀性细菌，依然需要强大的武士来保护自己。那么，这些牙齿将军雇佣的武士到底是什么来历？他们又将如何对抗口腔里的这些细菌呢？

刷牙用的牙膏，其实就是由二氧化硅（沙子的主要成分）的细小颗粒、发泡剂、薄荷油、香精等混合制成的软膏，有的还含有氟化物，添加氟化物是因为氟离子能有效预防龋齿。那么面对不时流传的"含氟牙膏危害健康"的说法，应该如何选择呢？

氟是人体所必需的一种微量元素，人们每天都能通过水、食物等途径摄入氟元素。

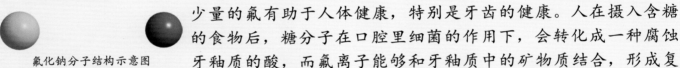

少量的氟有助于人体健康，特别是牙齿的健康。人在摄入含糖的食物后，糖分子在口腔里细菌的作用下，会转化成一种腐蚀牙釉质的酸，而氟离子能够和牙釉质中的矿物质结合，形成复

氟化钠分子结构示意图

杂的保护层——氟磷酸钙，增加牙齿表面的强度和抗腐蚀性。而且氟离子对口腔中的多种酶有抑制作用，可以减少牙菌斑，有效预防蛀牙。

虽然氟元素可以保护牙齿，但如果摄入量过多，就会危害我们的健康，严重时还会导致氟中毒。氟中毒会影响骨骼发育，甚至导致骨质疏松，这是因为过多的氟离子能够夺取身体中的钙。如果饮水中含氟量过高，人容易患氟牙症或氟骨症，导致牙齿畸形、软化。

小·贴士

氟是一种累积性毒物，每次刷牙的时候总是会有少量的牙膏被吞服，如果人长期使用含氟牙膏刷牙容易造成氟中毒。所以选用牙膏时，最好把含氟牙膏和无氟牙膏交替使用，这样既能保护牙齿，也能降低过量摄入氟离子的可能性。由于儿童的吞咽反射能力比较差，容易在刷牙时误吞牙膏，建议3岁以下的幼童最好选用不含氟的牙膏，而3岁以上的儿童选购含氟量较少的儿童牙膏。

自由基

人为什么一定要吃水果、蔬菜？

图说 ▶

自由基就像乌贼海盗一样窃取了人体内分子中的电子，导致各种无法控制的化学反应发生。而某些不可控的化学反应会让人生病，甚至发生癌变。

常言道："三天不吃青，两眼冒金星。"这里的"青"就是指各种蔬菜瓜果。为什么不吃蔬菜和水果就会对人体造成那么大的影响呢？首先，蔬菜和水果中含有大量的矿物质和维生素，这些物质能提高身体的免疫力；再者，蔬菜和水果会帮助身体"清理"一类叫作"自由基"的分子。

那么，自由基是什么呢？分子由一个个原子组成，而把原子"黏合"起来的"胶水"就是电子。大多数原子黏合成分子之后就失去了"黏性"，而有些分子在辐射或热的作用下会断裂，变成含有单个电子的自由基。这些自由基就如同分子世界中的"强盗"一样，能够从其他分子里"夺取"电子。

自由基在人的生命过程中发挥着重要的作用，是不可缺少的，但同时人体也进化出很多机制来减少自由基，这是因为自由基的活性很高，很容易发生化学反应，如果其含量在体内超标，超出人体的抑制能力，就会发生副反应，使正常细胞损伤甚至死亡，从而导致一系列疾病的产生。

自由基分子结构示意图

小·贴士

当人的身体处于压力或紫外辐射等不良环境的时候，体内就会产生过量的自由基，导致原本功能正常的分子丧失活性甚至对身体产生毒害作用。食用深色瓜果蔬菜，例如红洋葱、紫葡萄等，其中有很多富含电子的分子，能够中和身体中的自由基，从而降低人体内自由基的含量。

氢化植物油

植物油都很安全吗？

图说 ▶

如果不经常运动，又喜欢食用人造奶油制作的甜点，人的身体就会发胖。长期在这种生活习惯下，身体器官可能已经受伤，心脏、血管可能已经被油脂堵塞了。那么人造奶油是如何损伤血管的呢？

常温下，我们炒菜用的植物油都是液体，而猪油却是固体，为什么呢？这是因为植物油含中有很多叫作"顺式不饱和脂肪酸"的分子，它们形状不太规整，不好排列，容易东倒西歪，导致分子间的作用力很弱，在室温下就呈现流动状态。而猪油是由"饱和脂肪酸分子"组成的，这些分子的形状很规则，能够紧密排列，分子间作用力强，于是在室温下就成固体了。

植物油中的不饱和脂肪酸暴露在空气中很容易氧化变质，产生人们常说的"老油味"。为了提高植物油的稳定性，在现代食品工艺中经常用氢气和植物油反应，生成像猪油一样的固体饱和脂肪，被称为"氢化植物油"。"人造奶油"也是氢化植物油的一种。

植物油主要成分：顺 -9- 十八碳烯的分子结构示意图

如果不能完全氢化，这时部分脂肪酸的结构会变成反式结构，得到"反式脂肪"。食用人造反式脂肪会使人的低密度脂蛋白含量上升、高密度脂蛋白含量下降，会大大提高罹患冠状动脉心脏病的概率。此外，由于肝脏无法代谢反式脂肪，大量摄取反式脂肪也可能造成高血脂、脂肪肝。

小·贴士

在购买食品时一定要注意查看配料表，如果一种食品明确标明使用了氢化油，那么这种产品就很可能含反式脂肪，要尽量少食或不食。

褪黑素

是什么决定了人的睡眠？

图说 ▶

太阳之所以能把熟睡的孩子叫醒，并不是因为它能吹奏美妙的乐章，而是因为阳光中的蓝光会减少人体内"褪黑素"的产生。"褪黑素"这种神奇的分子，不仅能决定人们睡眠时间的长短，还能决定睡眠质量。

大脑中有一个叫"松果体"的神秘器官，除了影响人的情绪和调控内分泌外，它还有一个很重要的功能就是制造褪黑素分子。褪黑素是一种能使皮肤色素颜色变浅的激素分子。早期的研究发现，褪黑素与两栖动物和爬行动物的变色机理紧密相关。1958 年，皮肤医学教授艾伦·勒纳提纯并命名了褪黑素，并希望这个来自松果体的物质能够治疗皮肤病。

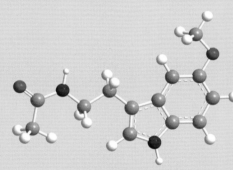

褪黑素分子结构示意图

褪黑素的核心化学结构是一个叫"吲哚"的芳香环，是由色氨酸通过一系列的生化反应在人体内合成的。黑暗环境会刺激松果体制造褪黑素，而光亮，特别是蓝光照射人眼的时候，会抑制褪黑素的生成。

当视网膜的感光细胞感觉到光线并经过复杂的过程传到松果体后，松果体会调控人体内褪黑素的浓度，使人产生自然的昼夜节律。所以说，褪黑素分子掌管了人何时睡觉的大权，是人体中非常重要的分子之一。褪黑素在儿童身体中的含量最高，随着年龄增长，含量会逐渐降低。这就是为什么小孩子总是睡不醒、而老年人总是一大早就醒过来的原因。

小·贴士

蓝光会降低体内褪黑素的浓度，所以睡前看手机或电脑屏幕会影响人的睡眠，不过可以通过开启防蓝光模式或贴上过滤蓝光的滤膜，来减少进入眼中的蓝光。老年人应适度补充褪黑素来改善睡眠质量。

蔗糖

身体运转的能量从哪来？

夜半将至，孩子却仍兴致高涨，家长无可奈何，这是睡前吃糖引起的吗？有人说是。糖就像一个充满活力的"舞者"，为孩子带来能量；但也有人认为这种说法缺乏科学依据。那么真相是怎样的呢？

从化学上来说，糖是"碳水化合物"的总称，几乎都是由一个或者多个环状分子构成的小分子或大分子。例如葡萄糖只有一个环状结构，是一种单糖。

葡萄糖是活细胞的能量来源和新陈代谢的中间产物，是生物的主要供能物质。植物可以通过光合作用产生葡萄糖，进而为其各种生理活动供能。人们从体外摄取的食物，在体内分解为葡萄糖后才能被身体吸收利用。人体活动所需的能量大约有70%是靠糖类供给的。

市面上销售的糖，绝大部分都是蔗糖。蔗糖是二糖，是由两分子单糖连接而成的。长久以来，人们都有这样一个误区：吃糖会让你精神亢奋，甚至导致失眠。但世界顶级杂志《科学》在2013年专门发表了一篇文章来辟谣。文章作者通过三十多年的研究发现，吃糖不仅不会影响人们的睡眠，甚至还会帮助

蔗糖分子结构示意图

人们尽快入睡。下视丘分泌素是决定入睡与否的关键因子，它的含量越高，人就越清醒。当血液中的葡萄糖含量足够高时，下视丘分泌素的合成就会受到抑制，从而帮助人更快进入梦乡。

小贴士

吃糖会使口腔内的酸度增高，酸会使牙齿的釉质脱钙。而乳酸杆菌最喜欢在脱钙的牙窝和牙缝的酸性环境里繁殖，从而腐蚀牙齿，引起蛀牙，所以吃完糖要及时刷牙。

尼古丁

吸烟为什么有害健康？

吸烟不仅伤害自己的身体，还会影响到周围的人，二手烟会导致重大疾病。除了烟雾中的固体颗粒会对肺部产生伤害之外，烟草中含有的尼古丁分子会对人体产生哪些危害呢？

吸烟最早可追溯至公元前 5000 年到前 3000 年。到了 17 世纪末，烟草传入欧亚大陆，并在明代由菲律宾传入我国。早期，人们认为烟草是造物主馈赠给我们的礼物，吸烟能

尼古丁分子结构示意图

使人精神娱悦，并使身心得到放松。然而，随着医学的发展，20 世纪 20 年代末，德国科学家发现吸烟和肺癌存在着一定联系，这掀起了近代史上的第一次禁烟运动。1948 年，英国生理学家理查德多尔首先证明了吸烟会引起严重的健康问题，对吸烟的研究才取得了真正意义上的重大突破。经过约 40000 名医生超过 20 年的研究，在 1954 年官方确认吸烟能够引起肺癌。

尽管铁证如山，但是众多烟民依旧欲罢不能，其中罪魁祸首就是尼古丁分子。尼古丁又名烟碱，当人们吸烟的时候，尼古丁分子和身体中一种叫作"尼古丁受体"的蛋白结合，释放出多巴胺分子给人带来平静和愉快感。一旦停止抽烟，多巴胺减少则引起焦虑和易怒的行为，所以吸烟者要赶紧点燃香烟，渴望重新得到愉悦感。这种恶性循环就是吸烟、吸毒或玩游戏成瘾的作用机理。此外，长期或者大剂量摄入尼古丁，能使人抑郁和神经系统麻痹。

小贴士

尼古丁对人体免疫系统也会有影响，长久吸烟会让人更容易受细菌、病毒感染。二手烟则会对周围人群（特别是儿童）的健康造成危害！

苯并芘

吃烧烤会得癌症吗？

图说 ▶

香气四溢的烧烤总让人们欲罢不能，有些人认为食物越焦越味美。事实上，烧焦的食物千万吃不得，特别是发黑、碳化的部分。这是因为食物分子在高温下发生了化学反应，生成了一种具有致癌性的化学物质。

18世纪的英国，擦烟囱的工人很多因癌症去世。后来科学家发现，发黑的烟囱里含有一种强致癌物质——苯并芘，这是一种脂溶性很强的分子，能够通过皮肤接触进入血液。

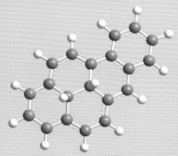

苯并芘分子结构示意图

一般来说，毒素分子多是脂溶性的，容易和细胞中的蛋白质结合，毒害其生理功能。通常，当毒素到达肝脏后，肝脏会试图氧化这些分子，变成溶于水的分子后通过尿液排出，但这个生理功能有时反而"帮"了倒忙。因为苯并芘本身没那么强的毒性，而苯并芘被肝脏氧化的产物却是超强致癌物。

食物在煎炸、烟熏、烧烤等过程中都有可能产生苯并芘。1964年芝加哥的研究小组做了一个实验，他们切下了半厘米烤至全熟的牛排表面的肉，然后检测到苯并芘的含量高达8微克/千克。

苯并芘的氧化产物是一种"扁平"的分子，很喜欢插入基因分子的结构里。所以在细胞分裂需要复制基因的时候，信息就会出错，错误累积到一定程度，细胞就会发生癌变，可能爆发癌症。

小贴士

享用这种看似美味的食物，却需要付出健康的代价，太不值得了！所以一定要尽量少吃烧烤或烟熏食物。苯并芘还能通过污染的空气进入人体，切记远离烧烤烟气，在家炒菜时最好使用抽油烟机。

全氟辛酸

为什么不粘锅
会不粘呢？

图说▶

并不是所有的锅都是安全的。有时为了更方便地烹饪食物，制造商会在锅的内表面加上防水、防油涂层，这样就制造出了"不粘锅"。而大多数人不知道的是，在使用不粘锅烹饪时会产生有害物质，这种物质不仅侵害食材，而且危害健康。

常用的不粘锅涂层是聚四氟乙烯（俗称特氟龙）涂层，它耐酸碱，抗各种溶剂和高温，而且氟原子含量很高。

四氟乙烯由两个碳原子和四个氟原子构成，这些分子可以通过化学反应首尾相连成为一个超级大分子，也就是聚四氟乙烯。含氟量很高的分子的一个特殊性质就是既不喜欢水，也不喜欢油，是不粘锅和水管内层的理想涂料。

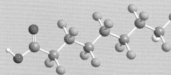

全氟辛酸分子结构示意图

聚四氟乙烯是由杜邦公司的研究员普朗克特在 1938 年偶然发现的，它的第一次使用是在第二次世界大战时，用于密封六氟化铀气体。直到 1956 年，法国福特公司才将其用于生产不粘锅。

在生产聚四氟乙烯的时候，会用到一种叫作全氟辛酸（俗称 C8，英文缩写为 PFOA）的小分子。而且 C8 会残留在聚四氟乙烯涂层中，随着食物进入身体的循环系统，并且无法被身体代谢出去。和大分子相比，小分子的扩散性能非常好，能够随血液循环到人体组织的各个地方。研究表明，长期暴露在高浓度 C8 中的人群可能会得各种癌症，因此世界上主要的聚四氟乙烯生产商已经表态将逐渐淘汰 C8 的使用，截至 2015 年，很多聚四氟乙烯材料中已经不再含有 C8。

小·贴士

购买不粘锅的时候，一定要看标识中有没有不含 C8 或者 PFOA 的说明。用不粘锅炒菜千万不能干烧，否则特氟龙分解也会产生毒性分子。做油炸食品最好还是使用不锈钢锅或者铁锅。

铅

玩玩具也可能会 "铅中毒" 吗？

图说 ▶

新闻经常会报道"铅中毒"事件，其实在我们身边也有很多铅污染案例，例如孩子手中的玩具，表面看起来干净整洁，但在孩子触摸的过程中，其表面上的铅很可能已经穿过皮肤，进入孩子体内了。那么这些铅是从哪里来的？又有什么危害呢？

铅是一种蓝灰色、质软、耐腐蚀的金属，由一个个铅原子堆积而成。暴露在空气中的铅，表面很快会和氧气发生反应而失去金属光泽变成暗灰色。作为人类较早认识的金属之一，铅早在 7000 年前就有记载。在人类使用石墨代替铅之前，铅条被夹在木棍中用来写字，这就是"铅笔"的由来。

铅原子示意图

虽然铅的用途很多，但含有铅的化合物都是有毒的。当铅进入人体内，身体会把它误当成其他重要的金属元素，尤其是钙、锌和铁；然而铅完全没有这些金属所具有的化学、生理功能，人就会因生理紊乱而中毒。急性铅中毒会使神经系统和消化系统受到严重影响，严重者可致命。如果儿童铅中毒，会导致其永久性的生理和智力损伤。

各个年龄段的人群都可能遭受铅中毒，但儿童，特别是 6 岁以下的儿童，因其对铅的解毒能力很差，所以患铅中毒的可能性更大。据权威机构统计，市面上至少三分之一的玩具都含有铅，主要是以碱性碳酸铅（铅白）的形式存在于涂料和塑料之中。某些汽油的添加剂中也含有一种叫作四乙基铅的化合物，能够直接通过皮肤接触进入血液，造成中毒。

小贴士

尽量避免接触汽车尾气；购买玩具的时候一定要慎重，对于市场信誉度不高的品牌，在选购时尽量避免白色、塑料类玩具。

糖精和色素

为什么饮料不能多喝？

图说▶

人们常喜欢购买物美价廉的商品，但面对 6 元一斤的苹果、5 元一升的纯果汁时，你会买哪种？很明显，5 元一升的纯果汁是赤裸裸的造假，会直接毒害我们的器官。

很多人都喜欢喝果汁饮料，尤其是孩子。不过，这些口味繁多、色彩丰富的饮料，大多是用糖精和色素兑制而成的。

糖精甜度虽为蔗糖的 300～400 倍，但事实上它和糖一点关系也没有。糖精的化学名是邻苯甲酰磺酰亚胺，与糖分子的化学组成、结构完全不同。糖精不能给人体提供能量，也没有营养价值。它只会产生甜味，最终经肾脏由尿液排出体外，这也是为什么有时糖尿病患者会用糖精代替蔗糖、果糖作为甜味剂的原因。值得注意的是，食用较多的糖精，会影响人体内一些消化酶的功能，降低小肠的吸收能力，使食欲减退，增加肾脏负担。

糖精分子结构示意图

食用色素，是食品添加剂的一种，又称着色剂，是用于改善外观的可食用染料。色素一般来说都是芳香类的分子，也就是说这些分子往往都含有一个叫作芳香环的结构（芳香环只是名称，分子不一定会有香味）。芳香环结构可以吸收可见光，从而呈现出不同的颜色，例如，如果分子吸收了蓝色光，就会呈现出黄色。物质含有的芳香环越多，吸收光的能力越强，添加时的使用量也就越少。值得注意的是，具有很多芳香环结构的分子可能具有潜在的致癌危险。

小贴士

兑制的饮料基本不含能被机体吸收的营养成分，可能会使发育中的儿童营养不良；食用糖精、色素，不但不能使我们的身体受益，相反，可能会给身体造成不同程度的损害。

布洛芬

退烧药是怎样让身体退烧的？

人在发烧时就像有一只小恶魔，将熊熊巨火喷向身体，让人全身发烫，痛苦万分。当高烧不退时，需要服用退烧药进行缓解。那么哪一种药物分子能够像冰雪女神一样，使用化学的魔法，解除人们发烧的痛苦呢？

发热主要是由身体内一种叫作"环氧合酶"的蛋白质分子催化的化学反应（制造炎症分子）导致的。体温升高不利于某些病毒的复制，在一定程度上能够控制感染。但是如果高烧不退，就会对身体产生很大危害。因为身体内各种酶分子的最佳活性温度都在 37 ℃左右，而人体几乎所有的生理功能都是靠酶分子来完成的，一旦这些酶分子不工作，身体系统就会立刻陷入混乱状态，甚至会导致死亡。

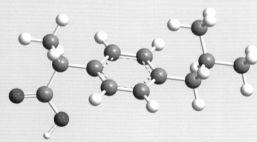

布洛芬分子结构示意图

为了控制体温升高，我们就需要控制"环氧合酶"分子。20 世纪 60 年代，英国研究人员发现了异丁基苯基丙酸分子（俗称"布洛芬"）对退烧有奇效。这个分子可以与"环氧合酶"结合，占据这个酶用来合成炎症分子的空间，减少炎症分子的数量，减缓免疫反应。

布洛芬虽然可以退高烧，减轻疼痛，但高剂量服用会导致一系列副作用，如会增加心脏病发作的概率。即使是没有心脏疾病的健康人，在服用布洛芬的时候都可能突发心脏病，患有心脏疾病的人群更要注意，一定要在医师指导下服用布洛芬，特别是刚做完心脏搭桥手术的病人，切记不要擅自服用布洛芬。

小贴士

布洛芬只是抑制免疫反应，并不能杀死病毒或者细菌等微生物，要斩草除根还需要服用抗生素或抗病毒类药物。

防腐剂

食物不腐的原因是什么？

图说 ▶

课堂上当调皮爱动的老虎、羚羊、猴子都能正襟危坐、认真听讲时，为什么有的小朋友却控制不住自己呢？这也许并不是因为他天生顽皮，而是患有多动症。你知道吗？在日常生活中，就有很多食品可能导致多动症。

在合成化学时代到来之前，吃不完的食物常常要用盐巴或者醋来腌制，因为在这种高盐性或者强酸性的环境中，分解食物、制造腐败的微生物（细菌、霉菌等）很难繁殖，所以食物得以长期保存。果糖也能作为防腐剂使用，因为高浓度的糖溶液可以使腐败细菌脱水而死。但是很多食物腌制后，原有的分子结构遭到破坏，口味会变差。若要保鲜还须借助现代化学的力量。

苯甲酸钠是一种无色晶体，常被用作食品防腐剂，又称安息香酸钠。苯甲酸钠分子进入细胞以后可以抑制微生物细胞中呼吸酶的活性，使其无法正常生长，从而起到防腐作用。

少量的苯甲酸钠对人体并无害处，可以很快被吸收代谢。但如果长期摄取过多，便会危害人体的健康。苯甲酸盐类防腐剂（苯甲酸钠、苯甲酸钾）可以与维生素C反应，生成具有致癌性的神经毒剂——苯分子。如果人的神经系统受到损伤，就可能出现多动症、精神不集中等问题。

苯甲酸钠的使用非常普遍，在很多深度加工的食品如罐头、酱油、袋装零食、果汁饮料等产品中广泛存在。有些国家已经停止使用苯甲酸类防腐剂，取而代之的是更加天然的防腐剂。

苯甲酸钠分子结构示意图

小·贴士

为了身体健康，一定要远离深度加工的食品，特别是儿童，千万不能把零食当饭吃，要多吃水果蔬菜。

汞

水银温度计的最大威胁是什么？

图说▶

水银体温计是很多家庭备用的测体温工具。当它破碎时，会产生具有剧毒性的汞蒸气，这种气体无色无味、不易察觉，所以请不要让孩子随便碰触体温计。

有这样一种金属，它在常温常压下，具有白银一样的光泽，还能像水一样流动，这就是汞，俗称水银。汞是常温常压下唯一以液态存在的金属。汞是由汞原子直接堆积而成的，原子之间作用力较弱，所以汞的熔点很低（1 个大气压下，是零下 39.3 ℃），也就是说汞在低于这个温度时才会变成固体。

汞原子示意图

汞的用处非常多，比如用于将交流电转化为直流电的水银整流器，用于科学研究和制作电池的汞合金材料等。虽然汞有如此多的用途，但它也是剧毒物质，口服、吸入或接触都会引起脑和肝损伤。

纯汞是一种很危险的污染物，它在生物体内会形成有剧毒性的有机化合物，其中最危险的汞有机化合物是二甲基汞，仅数微升与皮肤接触就会致死。1996 年 8 月，美国达特茅斯学院化学系的女教授凯伦，在做实验时不小心把一两滴二甲基汞散落在乳胶手套上，结果二甲基汞分子在 15 秒钟之内就穿透手套，通过皮肤进入她的体内。凯伦很快就出现了汞中毒的迹象，住院后很快就变成植物人，最终于 1997 年 6 月死亡。

小·贴士

如果汞泄漏（打碎水银温度计），不能使用吸尘器和扫帚进行清理，因为它们会造成汞的扩散。要在被汞污染的区域喷洒硫磺粉或锌粉，然后再收集并妥善处理。

偶氮染料和甲醛

试穿新衣服有哪些隐患？

图说▶

有些皮肤敏感的人会发现，穿上没洗过的新衣服时，皮肤会感觉刺痒，甚至过敏起红包。在考虑过敏原因时，你应该知道，没洗过的新衣服上往往含有偶氮染料和甲醛，皮肤过敏有可能是它们引起的。

买了新衣服就迫不及待地穿上，这种习惯很不好，原因是新衣服上偶氮染料分子和甲醛分子含量很高，它们容易引起皮肤瘙痒、红肿等过敏症状。

偶氮染料是指含有偶氮键（—N＝N—，两个氮原子连起来）并能使纤维物质染色的色素分子的总称。偶氮染料分子特殊的化学结构，使其能够强烈地吸收可见光，少量就可以呈现出很深的颜色，而且不需要复杂的工艺就可以直接染印天然或合成纤维，因而深受制造商的青睐。但是很多偶氮分子都有致突变性，长期接触会增加患膀胱癌的风险。

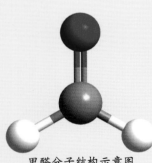

甲醛分子结构示意图

甲醛大家都非常熟了，它是一种在室温下有特殊刺激性气味的无色气体，也是最常见的室内空气污染物，目前已被世界卫生组织确定为致癌和致畸型物质。甲醛对皮肤及黏膜有刺激性作用。甲醛分子之所以危害大，是因为它接触到蛋白质后会立刻发生反应，破坏蛋白质的结构和功能。人的生理功能几乎都是通过蛋白质来实现的，所以蛋白质失活之后人就会出现免疫反应、生病甚至死亡。

小贴士

尽管大部分厂家在衣服出厂的时候都会用自来水漂洗，但可能受到水源或质检的影响，衣服上的有害分子可能还会超标。所以刚刚买回来的衣服一定要经过水洗再穿。

荧光增白剂

荧光增白剂对人体有危害吗？

图说▶

用洗手液洗完手后，如果用紫外光照射，你会发现手上冒着荧荧蓝光，这是因为很多日化用品中添加了"荧光增白剂"。那么为什么要添加荧光增白剂呢？它会对人体产生哪些影响呢？

白色是崇高、圣洁的象征，总能唤起人们心中最纯粹的情感。它还会让人产生干净、安全、美丽等积极的心理感受。为了取悦人们的眼睛和心理，荧光增白剂就应运而生了。荧光增白剂又称光学增白剂，利用的是光学上的补色原理。荧光增白剂不仅能反射可见光，还能吸收人眼看不到的紫外光，并发射出蓝光，从而使物品显得更白、更亮、更鲜艳。

荧光增白剂广泛用于造纸、纺织、洗涤剂等多个领域。大多数白色纺织物使用久了，会发生氧化反应，呈现出淡黄色或者黄棕色。加入荧光剂不仅提高了反射率，而且发出的蓝色光与黄褐色互为补色，有效地弥补了因蓝光缺损而造成的泛黄，在视觉上能显著提高白色物质的白度以及亮度。

荧光增白剂分子结构示意图

荧光增白剂在生活中有如此广泛的用途，那么，它对人体有害吗？有研究发现，某些荧光增白剂与皮肤接触后会引起过敏。然而，国内外的众多研究发现，荧光增白剂的使用是安全的，权威机构也已达成共识，认为不会有健康风险。

小·贴士

作业本、面膜以及洗涤用品等国家没有规定不得使用荧光增白剂，但国家明确规定，荧光增白剂不得人为加入食品包装中。

双酚A

为什么塑料会变柔软?

图说 ▶

现在越来越多的塑料制品走进了我们的生活。而塑料中的一种有毒分子,不仅会使人性激素紊乱,还能引起一系列重大疾病。需要注意的是,这种有毒分子不仅仅存在于塑料中。

塑料因为造价低廉、隔绝空气能力好,在食品包装中被广泛使用。为了满足生活方方面面的需求,加工商拿到塑料原料(通常称为"树脂颗粒")后,需要把其加工成具有各种柔性的膜。然而,很多树脂颗粒本身比较硬或者需要在很高的温度下才能加工,这就意味着更复杂的工艺和更高的成本。

为了解决这一问题,人们在树脂颗粒加工过程中会加入一类叫作"增塑剂"的分子。有了这些分子的存在,塑料原材料可以在较低温度下变成流体,方便加工。其主要的化学原理是增塑剂分子通过插入紧密排列的塑料分子中,减弱其凝聚力,从而使塑料本身变得柔软和容易拉伸。

双酚A是最常用的一种增塑剂,由俄罗斯化学家在1981年首次合成,用来生产聚碳酸酯(水杯、饮料瓶、食品包装袋、医疗器械、家用电器等的原料)。它是一种弱激素,脂溶性非常强,可以通过皮肤接触或者食物进入人体内,而身体会把它误以为是雌性激素,从而导致内分泌紊乱。2012年9月,美国华盛顿州立大学等机构公布了其对猕猴进行实验的结果,证实双酚A会影响猕猴雌性后代的生殖系统,导致卵子染色体异常。

双酚A分子结构示意图

小·贴士

尽量不要让食物直接接触食品保鲜膜、塑料餐盒,少喝塑料瓶装水和饮料。机打小票中双酚A的含量也很高,因此尽量不要用带油的手触碰。

作者简介

张国庆 美国弗吉尼亚大学博士，曾在哈佛大学从事博士后研究，现任中国科学技术大学教授、博士生导师。曾获美国化学学会授予的"青年学者奖"，入选教育部"新世纪优秀人才支持计划"、中国科学院"卓越青年科学家"项目。迄今已发表SCI收录论文50多篇。研究方向为荧光软物质的设计与合成、分子材料的电子和电荷转移、单分子荧光成像的合成以及光物理等。除教学、科研工作外，通过开设微信公众号、建网站、做讲座等形式，积极传播科普知识。

李进 青年画家，曾执导人民网"酷玩科技"系列动画、"首届中国国际进口博览会速览"动画。学生阶段的绘画作品曾多次获奖，导演作品《启》入选新锐动画作品辑。作品曾被人民网、光明网、中国长安网等媒体报道。